Tous nos ouvrages sont disponibles aux

Éditions Decoopman
Ferrières
30440 Saint-Laurent-le-Minier
Tel : +33 (0)4.67.73.90.95
web : www.decoopman.com
e.mail : livres@decoopman.com

Olivier Lacaux
Jean Castanier

I.S.B.N. 978-2-36965-106-2
Dépot légal : 1er trimestre 2020

Correction de l'ouvrage : Antoinette DODELER

Ouvrages parus
aux Éditions **Decoopman**
Collection « ***Sciences & Techniques*** »

Moteurs Stirling

- *Fabriquer des moteurs Stirling* - A. Ross
- *Petits moteurs Stirling pour l'amateur* – D. Lyonnet

Mécanique

- *507 Mouvements mécaniques* – H. Brown
- *760 mouvements mécaniques* - G. Vander Haeghen
- *Des mécanismes élémentaires* - L.E. Loche
- *Engrenages & Transmissions* – G. Franche
- *Engrenages et vis sans fin* - R. Champly
- *Les Machines* – E. Collignon
- *Les mécanismes des machines* - H. Leblanc
- *Les Moteurs* – H. de Graffigny
- *Les moteurs à vent* - R. Champly
- *Moteurs* - Max de Nansouty
- *Moteurs & Gazogènes* – L. Letombe
- *Motocyclettes et side-cars* - M. Zerolo
- *Notions de technologie mécanique* - P. Beauvais
- *Organes de transmission* - R. Champly
- *Organes de machines* - J. Gary et A. Druot
- *Traité élémentaire de mécanique industrielle* - S. Flachat
- *Traité pratique des engrenages* - L. Wève

Vapeur

- *Catéchisme des Chauffeurs* - Collectif
- *Distribution de la vapeur* - M. Castelnau
- *Gouvernails à vapeur FARCOT* – J. Farcot
- *Histoire de la machine à vapeur* – R.H. Thurston
- *L'A.B.C. du Chauffeur* – H. Mathieu
- *Les bateaux à vapeur* – L. Figuier
- *Les Locomobiles* – L. Figuier
- *Les machines à vapeur* - J.P. Delaby
- *La machine à vapeur* – E. Sauvage
- *La Vapeur – A. Guillemin*
- *Tiroirs et distributeurs de vapeur* – A. Madamet

Chemins de fer

- *La locomotive* - U. Lamalle & F. Legein
- *La machine locomotive* – E. Sauvage
- *Les chemins de fer* – A. Guillemin
- *Locomotive & Chemin de Fer* – L. Figuier

Marine

- *Des bateaux aux couleurs de la Gironde* - F. Jouison
- *Abécédaire des forces sous-marines* - P. Nôtre & J.L. Vichot
- *La Marine de guerre (Le monde industriel)* – L. Huard
- *La Marine de guerre – A. Sauvaire-Jourdan*
- *La navigation sous-marine* – G.L. Pesce
- *Les paquebots à grande vitesse – M. Dumoulin*
- *Les Torpilles* – E. Hennebert
- *Sous-marins & submersibles - Max Laubeuf*
- *L'Artillerie moderne (Le monde industriel)* – L. Huard

Horlogerie

- *Échappements à ancre* - École de Cluses
- *Guide-manuel de l'Horloger* - C. Saunier
- *L'art de connaître et soigner les montres et les pendules* - J. Gondy
- *L'art de l'Horlogerie enseigné en trente leçons* - Anonyme
- *Histoire de l'Horlogerie* - P. Dubois
- *Les merveilles de l'Horlogerie* - Portal & Graffigny

Électricité

- *La machine de Gramme* - A. Breguet
- *La bobine Ruhmkorff* - A. Loiseau

ENCLIQUETAGES

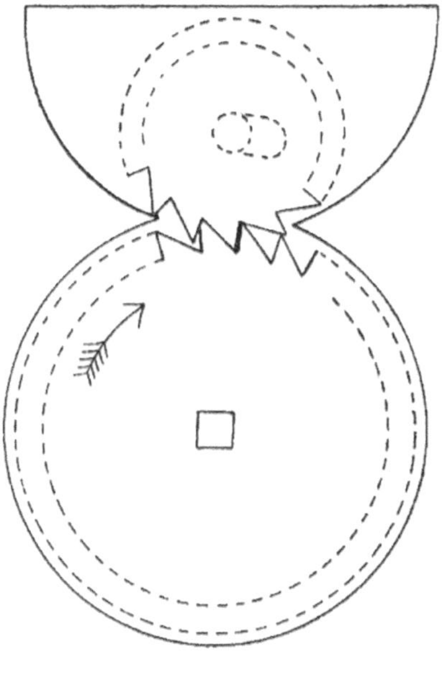

F. BALAVOINE

1914

I.

Préliminaires

Dans un mécanisme d'horlogerie, le tambour du barillet qui renferme le ressort-moteur est relié par une denture au rouage du mouvement, et pour que ce ressort puisse être armé ou remonté, il faut d'autre part que le tambour soit fixé à un axe central — ou arbre de barillet — pourvu d'une roue dentée qui est le *rochet* ou la *roue d'encliquetage.*

Le rochet tournant dans le sens du remontage, il doit être dans l'impossibilité de revenir en arrière à mesure que ce dernier s'effectue. Pour empêcher ce mouvement de recul, un organe mécanique intervient en pénétrant successivement, sous l'action d'un ressort, dans les diverses dents du rochet au fur et à mesure qu'elles se présentent devant lui. Cet organe porte le nom de *cliquet* et doit répondre à plusieurs exigences :

1. Son bec de fonction doit pénétrer en plein dans les dents du rochet.
2. Ce bec doit être d'une force suffisante pour que la tension du ressort de barillet ne puisse le rompre ou le courber.
3. Le ressort assurant la bonne fonction du cliquet doit être de force suffisante, et surtout ne pas risquer de se rompre.
4. La position du cliquet doit permettre au rochet de reculer un peu, lorsque le ressort de barillet est remonté jusqu'au haut, cela afin d'empêcher que ledit ressort ne soit tendu outre mesure, ce

qui accélérerait la marche de la montre, surtout s'il arrive que le cliquet ayant passé sur la dent suivante par l'effort du remontage, il ajoute la pression de son ressort à la traction déjà considérable du ressort de barillet.[1]

5. Le cliquet et son ressort doivent être construits de telle sorte que le premier puisse être dégagé du rochet, afin de permettre au besoin le désarmement du ressort de barillet.

Les horlogers ont imaginé divers moyens de satisfaire à ces conditions, mais à notre avis, aucune des solutions proposées n'y est parvenue d'une manière complètement satisfaisante ; il reste toujours au minimum l'aléa de la rupture du ressort de cliquet. Il est clair que la solution absolue du problème ne sera réalisée que le jour où le ressort de cliquet sera rendu *incassable* ou, mieux encore, sera *supprimé*.

Cette solution n'est évidemment pas aisée, mais il ne faut pas désespérer, surtout parce qu'il y a déjà eu dans ce sens une tentative approchant fort de la perfection, et pouvant d'ailleurs offrir de sérieux avantages à celui qui s'appliquera à construire avec soin ce genre de cliquet.

Dans l'ancien mode de fabrication des montres à clef, il n'y avait qu'un genre d'encliquetage généralement usité, c'est celui que représente la figure 1.

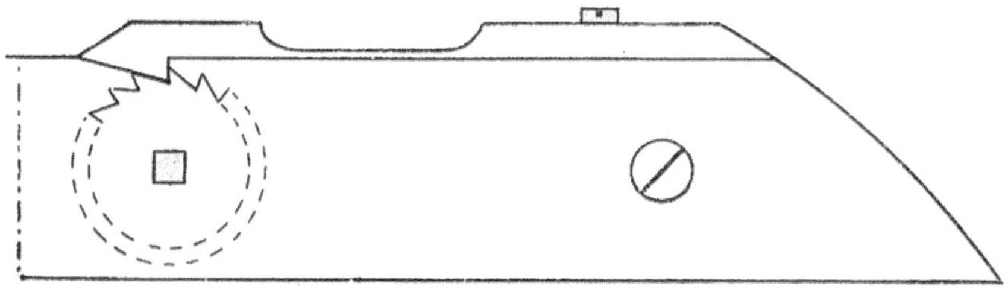

Fig. 1

Le défaut qu'il avait consistait en ce que les dents du rochet étant fort petites, elles s'usaient ou se cassaient facilement; puis, si le crochet du ressort n'était pas bien trempé, ou si sa lame était trop forte, il risquait de se couper, et dans les deux cas, la fonction d'arrêt ne se faisait plus ou se faisait mal.

[1] On obtient un maximum de recul en disposant le point de pivotement du cliquet de manière à obtenir un angle très obtus en le joignant aveu la dent et avec le centre du rochet.

Maintenant que les montres avec remontoir au pendant sont en vogue, chaque fabrique veut avoir son encliquetage spécial, et de nombreuses variantes de cet organe ont surgi.

Nous allons passer en revue un certain nombre de celles qui sont en usage dans la fabrication horlogère, et afin de mettre de l'ordre dans ce travail et de le faciliter, nous grouperons ces mécanismes en quatre catégories :

1. Encliquetages à ressort indépendant ;
2. Id. avec ressort et cliquet d'une seule pièce ;
3. Id. à recul ;
4. Id. sans ressort.

II.

ENCLIQUETAGES À RESSORT INDÉPENDANT

Dans cette catégorie, se trouve en première ligne l'encliquetage usité dans la bonne montre de Genève (fig. 2). Il est de construction un peu compliquée, mais en général fonctionne assez bien, sauf que parfois le ressort passe sur le cliquet et que les vis sont sujettes à se desserrer. Malgré ces défauts, il est fort employé, car il fait un grand effet décoratif dans un mouvement bien fini.

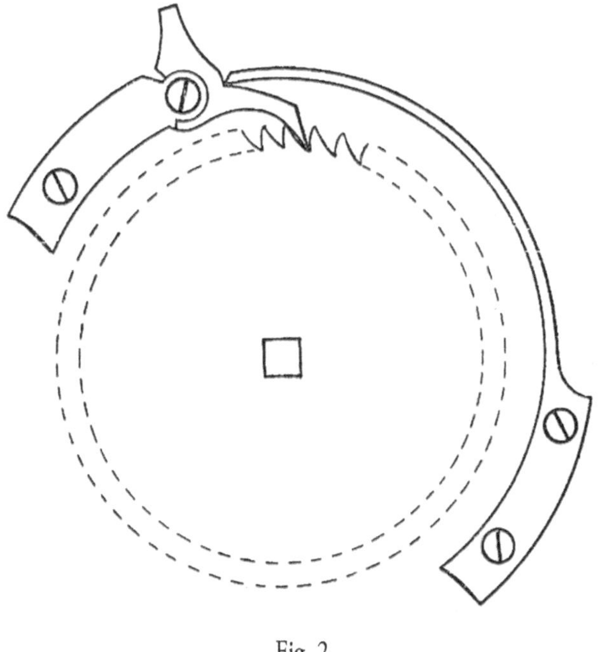

Fig. 2

Dans les calibres dits « revolver », afin d'éviter la rupture très fréquente du ressort employé comme cliquet, on a imaginé de le faire en deux pièces, ainsi que le représentent les figures 3 à 5 (brevet n° 1904). Le cliquet est fixé au pont de barillet, dans les trois modèles, au moyen d'une vis à repos : sur le pont (fig. 3), sur le côté du pont (fig. 4), enfin aussi sur le côté du pont (fig. 5), mais le cliquet étant de l'autre côté du rochet, de façon à avoir un ressort plus long que les précédents, ce qui le rend supérieur comme fonction.

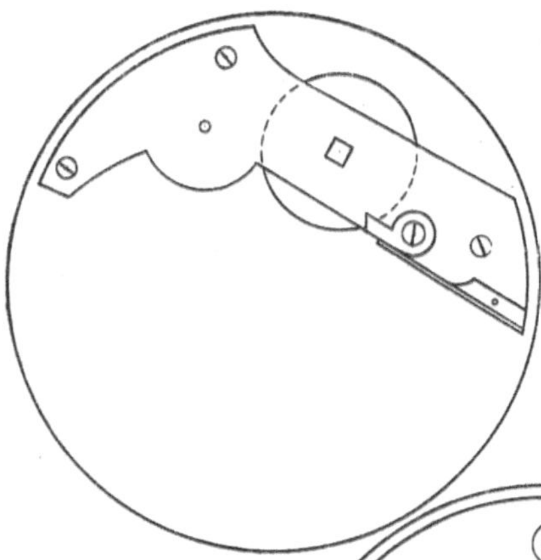

Fig. 3

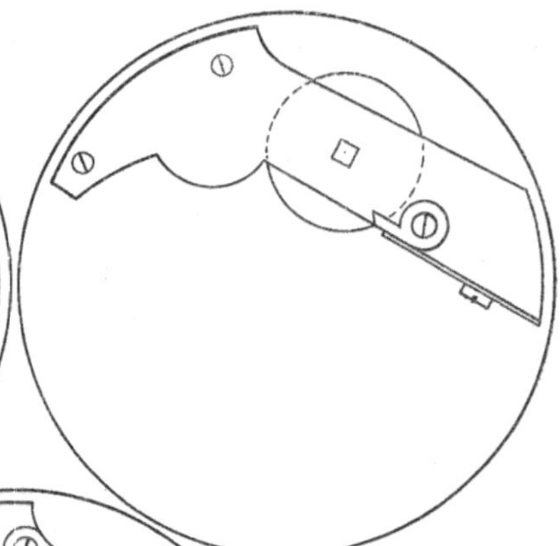

Fig. 4

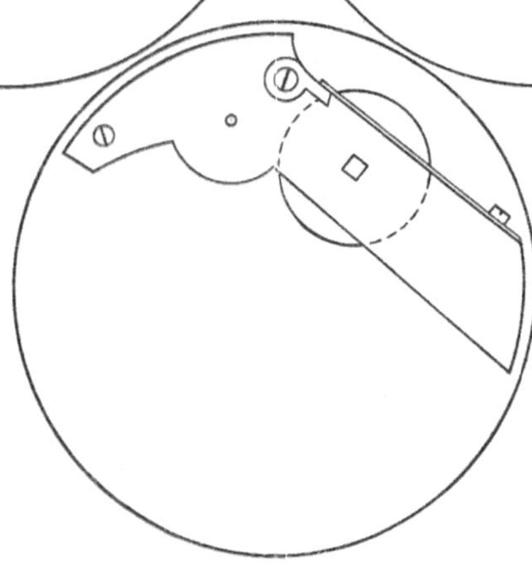

Fig. 5.

Ces trois systèmes ont en général l'inconvénient de ne donner aucun recul au haut du remontage, ou tout au moins de n'en donner que très peu.

La figure 6 (brevet n° 4654) nous montre un cliquet placé sur le côté du pont de barillet et pivotant sur la tête longue d'une vis à bout tourné, ou sur une goupille faisant pied de pont, ledit cliquet portant en outre une goupille saillante *a* contre laquelle vient agir un ressort longeant le pont de barillet, auquel il est fixé par une vis et dans lequel son corps est incrusté ; ce ressort est de plus muni d'un petit talon l'empêchant de manquer à ses fonctions, lors même que la creusure du pont de barillet qui le reçoit serait trop large.

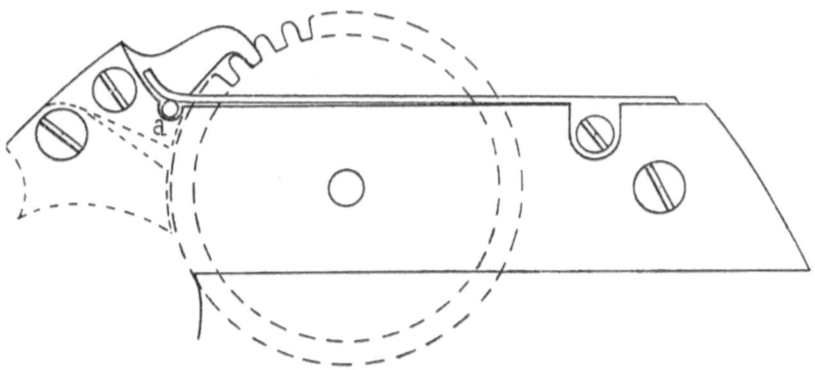

Fig. 6

Ce système est employé dans le but de pouvoir enlever facilement le cliquet ou le ressort en dévissant simplement leurs vis respectives,

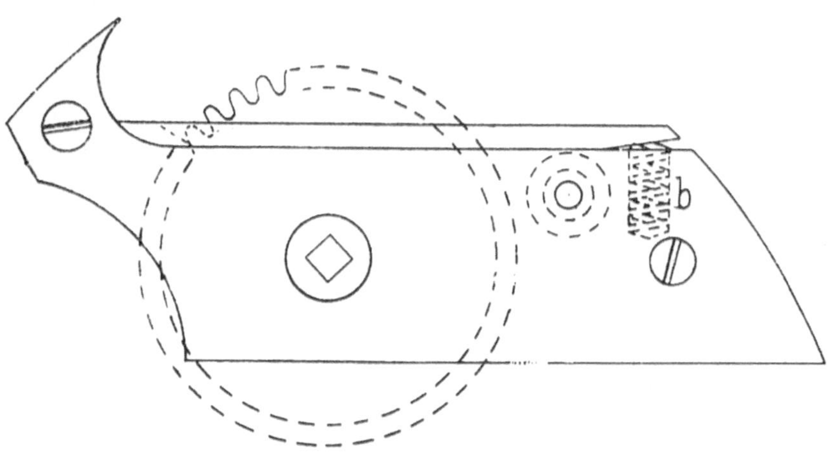

Fig. 7

le mouvement étant en boîte. Le cliquet est placé dans une entaille latérale pratiquée au bout du pont de barillet. Cet encliquetage n'a pas assez de recul.

Avec la figure 7 (brevet n° 21,798), nous avons un encliquetage du même genre et ayant le même défaut. Son originalité consiste en ce que le ressort est un boudin *b* logé dans une creusure latérale du pont, mais il est même inférieur aux précédents, parce que le levier sur lequel agit le boudin est fort court par rapport à celui qui fait cliquet avec le rochet. On comprend que ce dernier est actionné par la partie inférieure du cliquet taillé en forme de dent.

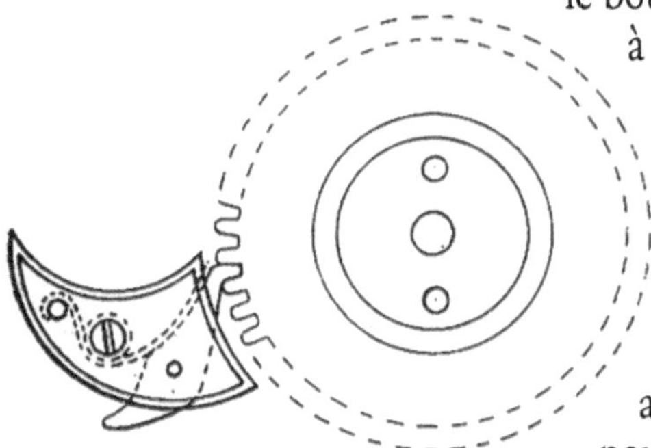

Fig. 8

L'encliquetage de la figure 8 (brevet n° 21,477) a la prétention d'être établi pour remontoir en vue, quoiqu'il soit caché en partie; même défaut que les précédents, avec, en plus, un ressort évidemment fort délicat.

La figure 9 (brevet n° 23,212) représente un système d'encliquetage imaginé pour permettre le changement facile du ressort en cas de rupture ; c'est une excellente idée, mais il vaudrait encore mieux chercher à réaliser le ressort incassable. L'exposé d'invention s'exprime comme suit :

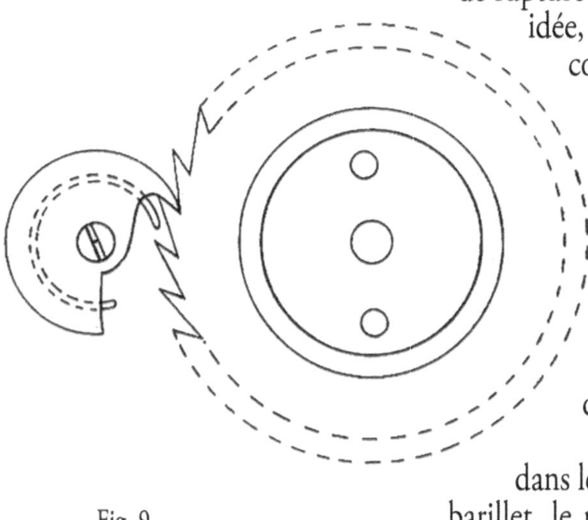

Fig. 9

Dans l'encliquetage de barillet comprenant un cliquet ou masse dite demi lune » agissant dans les dents du rochet de barillet, le ressort actionnant ce cliquet est placé généralement sous le pont de barillet, une extrémité de ce ressort traversant ce pont par une ouverture convenable pour agir sur le cliquet. Ce système présente l'inconvénient très grave que lorsqu'il y a rupture de ce petit ressort, il faut démonter complètement le pont de barillet pour la réparation nécessaire.

Mon invention consiste en ce que ledit ressort, au lieu d'être placé sous le pont de barillet, est placé dessus, directement sous le cliquet, dans une creusure du pont ménagée à cet effet.

Les encliquetages des figures 10 et 11 ont le grave défaut d'être actionnés par des ressorts trop courts.

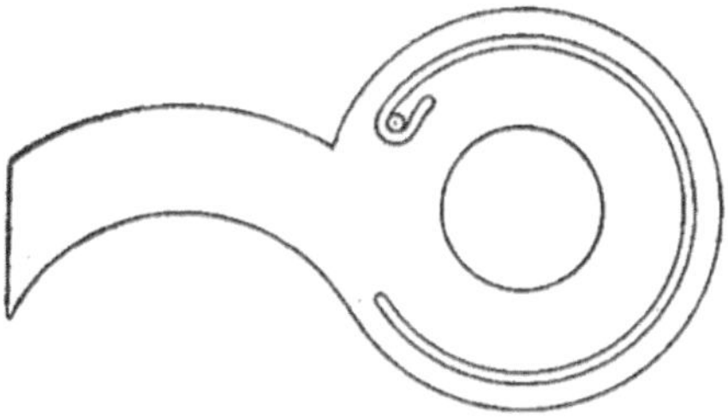

Fig. 10

Le cliquet représenté fig. 10 (brevet n° 4593) fonctionne par le moyen d'un petit ressort circulaire logé dans une creusure de la platine à laquelle il est fixé par une de ses extrémités, qui est recourbée de façon à pénétrer, dans un, trou de la platine, tandis que l'autre, en forme de crochet, entoure une goupille faisant saillie sur la partie inférieure du cliquet.

L'encliquetage de la figure 11 se compose d'une masse pivotant sur une goupille du pont de barillet et d'un ressort *R* formé d'une tige flexible fixée par l'une de ses extrémités à la platine, au plan de laquelle

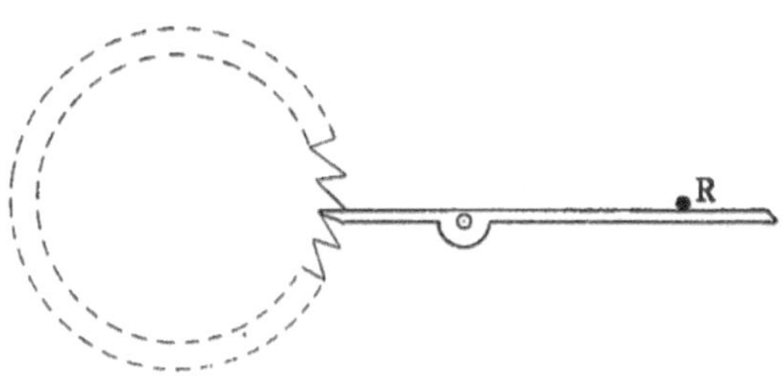

Fig. 11

il est perpendiculaire, et s'appuyant par l'autre extrémité contre la queue de ladite masse.

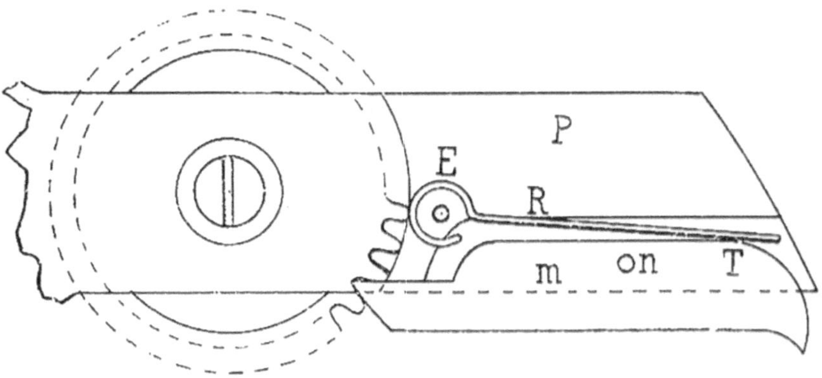

Fig. 12

Avec les divers encliquetages que nous venons de passer en revue, il faut, lorsqu'on veut opérer le désarmement du ressort de barillet, procéder par le moyen d'un outil quelconque, tournevis ou brucelles, et appuyer sur la lame du ressort ou sur le bec du cliquet pour désengrener ce dernier d'avec le rochet. Les sept encliquetages qui vont suivre sont munis d'un appendice de désarmement, en vue de faciliter cette opération.

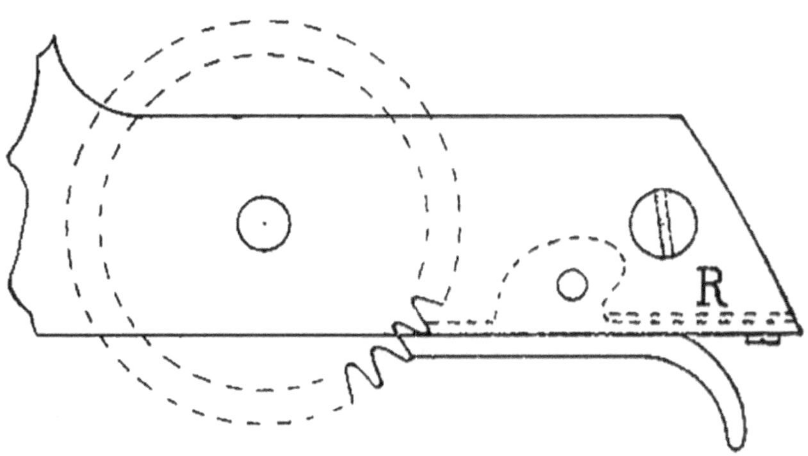

Fig. 13

L'encliquetage de la figure 12 (brevet n° 20,634), destiné spécialement aux calibres dits « revolvers », est fort simple : la masse *m* pivote sur une goupille *n* du pont de barillet P ; le ressort R, formé d'un simple fil métallique, est maintenu dans une entrée circulaire E pratiquée dans le pont, et son extrémité appuie contre le talon T de la masse.

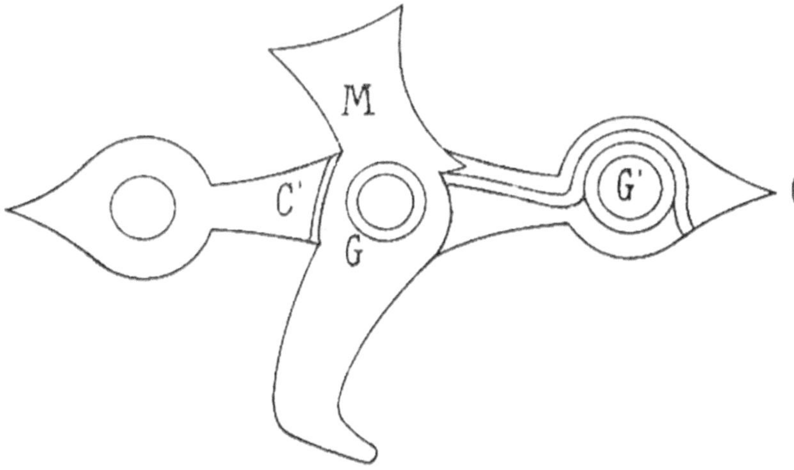

Fig. 14

Un couvre-rochet retient le tout en placer de sorte qu'aucune vis n'est nécessaire. Pour désarmer le ressort de barillet, on maintient le talon T de la masse.

Un encliquetage du même genre est représenté par la figure 13 (brevet n° 13,905) ; il ne diffère du précédent que par la position du ressort *R*, qui est placé contre le flanc du pont, dans une creusure.

La partie principale de l'encliquetage que représente, vu par dessous, la figure 14 (brevet n° 5096), est un pont qui porte le cliquet et le ressort d'encliquetage. Cette pièce a deux gouttes, G et G', et deux talons, C et C' ; la masse M du cliquet oscille sur la goutte G, et le ressort entoure la goutte G', s'accrochant par un bout au talon C, tandis que son autre extrémité vient s'appuyer contre un cran de la masse.

Le ressort est donc complètement caché sous le porte-encliquetage, duquel ressortent seules, de part et d'autre, les deux extrémités du cliquet.

Dans l'encliquetage suivant (fig. 15, brevet n° 29,831), on a supprimé la vis du cliquet, qui pivote sur un pied *d*, entre la platine et le couvre-rochet, dans un logement de ce dernier.

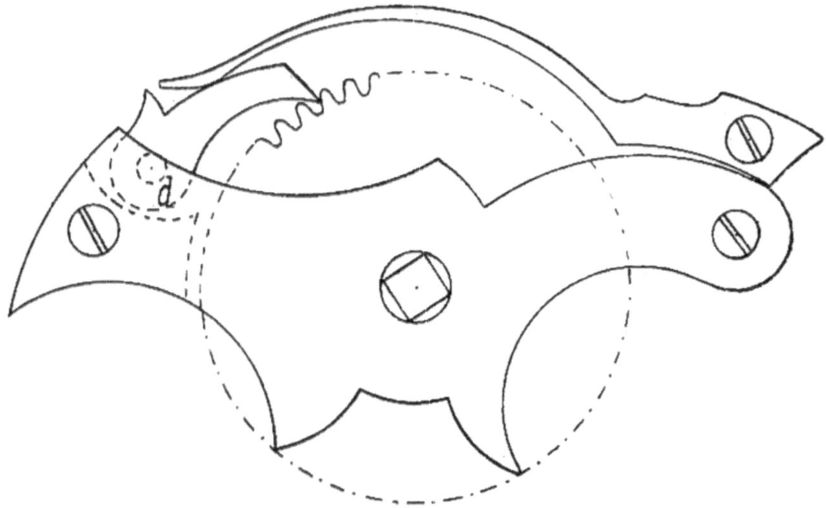

Fig. 15

Les encliquetages des figures 16 à 19 réalisent encore plus complètement le but poursuivi, le cliquet pouvant, dans ces modèles, rester soulevé sans être retenu par un outil quelconque.

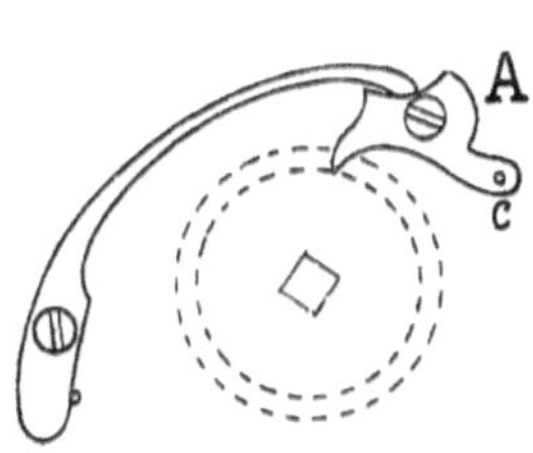

Fig. 16

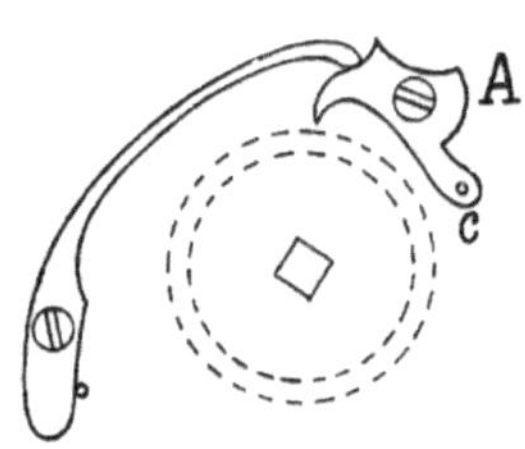

Fig. 17

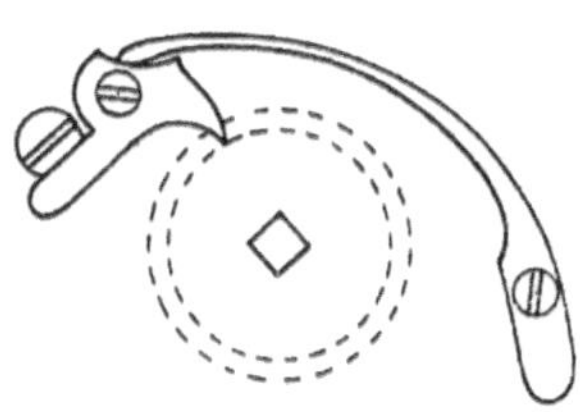

Fig. 18

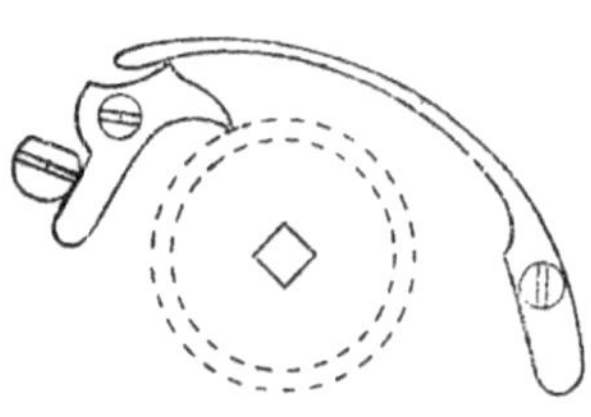

Fig. 19

Dans le premier (brevet n° 10,575), le cliquet A a une forme spéciale suivant laquelle il peut ou fonctionner normalement (fig. 16), ou rester soulevé pendant qu'on désarme le ressort (fig. 17).

Pour cela, il porte en *c* une goupille permettant de l'actionner avec le doigt.

Le même effet est obtenu dans le second de ces encliquetages au moyen d'une vis dont la tête est entaillée ; dans la position normale (fig. 18), le cliquet est engagé dans la denture du rochet, et pour l'en faire sortir d'une manière permanente, il suffit de tourner la vis d'un quart de tour (fig. 19).

L'encliquetage suivant (fig. 20, brevet n° 6066) est destiné à supprimer les vis, tout en permettant de tenir le cliquet dégagé du rochet en cas de réparation.

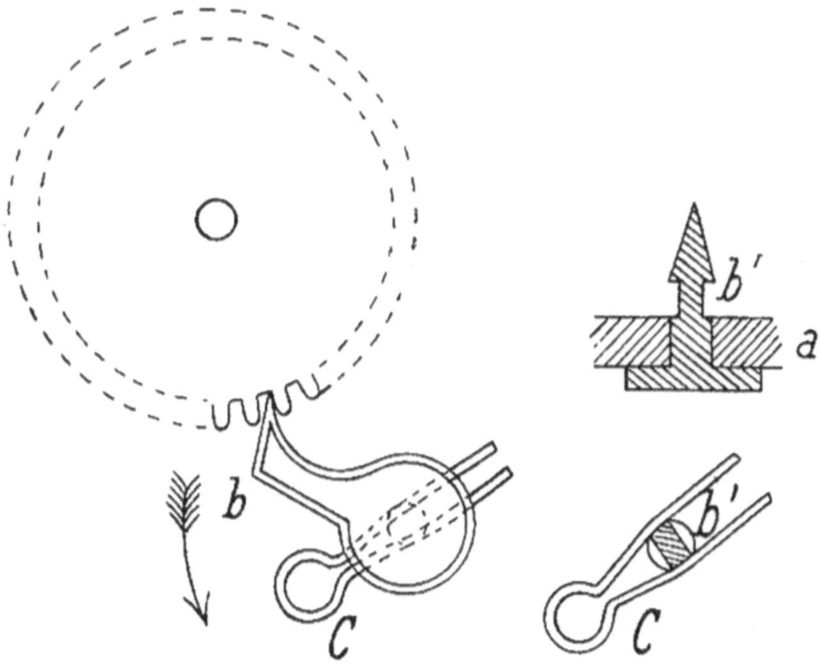

Fig. 20

Il consiste en un cliquet *b* disposé dans la platine ou le pont *a* et dont le pivot, représenté en coupe, comporte un col *b'*, mi-cylindrique, mi-méplat suivant deux faces opposées et parallèles, enserré par un ressort à deux branches C logé dans la partie inférieure de la platine, que la figure suppose enlevée.

Lorsqu'on dégage le cliquet en le faisant tourner dans le sens de la flèche, la partie cylindrique du col tend à ouvrir le ressort de telle sorte que ce dernier maintient le pivot et le cliquet dans la position de décliquetage, jusqu'à ce qu'on mette de nouveau le cliquet en prise avec le rochet.

III.

ENCLIQUETAGES A RESSORT-CLIQUET

Dans cette catégorie d'encliquetages avec ressort et cliquet d'une seule pièce, nous trouvons d'abord ceux qui se sont inspirés du ressort-cliquet des montres à clé.

Voici par exemple (fig. 21, brevet n° 12,884) un ressort plat E fixé sur le pont de barillet, lequel est percé en *b* de façon à donner passage à une goupille *c* engrenant avec le rochet et pouvant se mouvoir dans l'ouverture *b* de façon à se dégager de la denture du rochet lorsque ce dernier tourne dans le sens de la flèche ; la goupille est au contraire arrêtée par le bord de l'ouverture lorsque le ressort-moteur tend à faire tourner l'arbre du barillet en sens inverse.

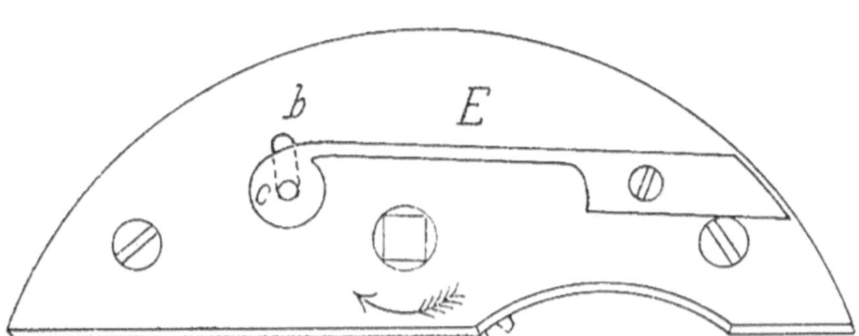

Fig. 21

Un système du même genre (brevet n° 198) consiste à placer le ressort-cliquet sous le pont, dans une entaille spéciale de la creusure du barillet, afin qu'il ne fasse pas saillie sur le pont. Le cliquet se termine

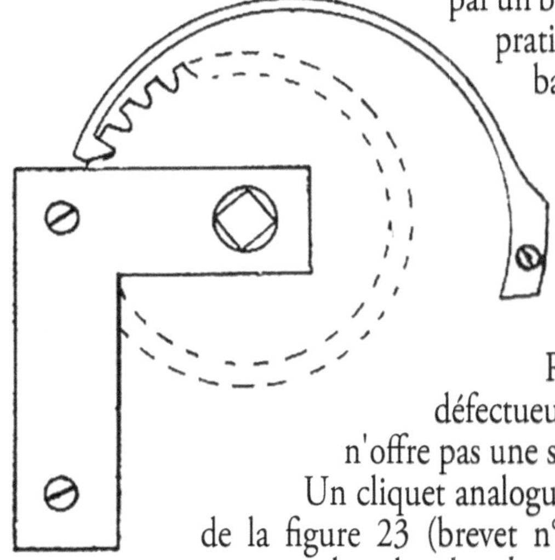

Fig. 22

par un bec traversant une ouverture pratiquée dans le pont de barillet et s'engageant dans la denture du rochet, lequel peut être noyé dans le pont ou faire saillie sur ce dernier.

On rencontre parfois dans les montres genre Roskopf, un encliquetage défectueux (fig. 22) parce qu'il n'offre pas une sécurité suffisante.

Un cliquet analogue, mais supérieur, est celui de la figure 23 (brevet n° 40,664). Il comporte le ressort *a* dont le talon *b* est fixé sous le couvre-rochet *e* par une vis et un pied ; du côté opposé au talon, le ressort se termine par une tête *f* à deux becs engagés, l'un, *g*, dans la

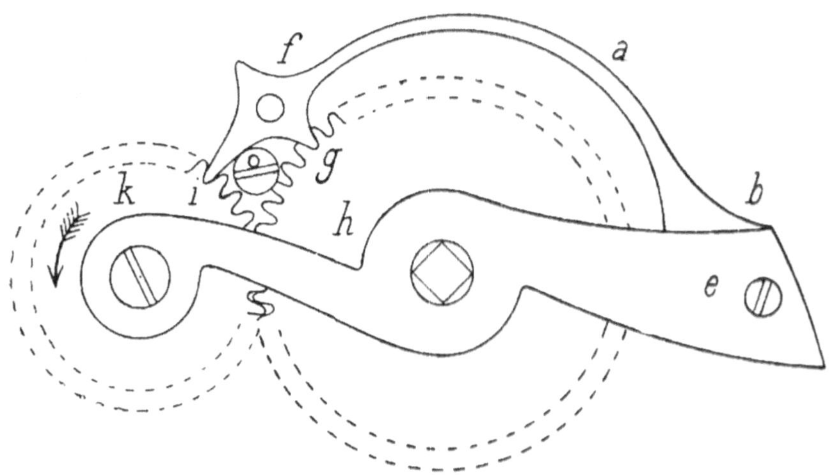

Fig. 23

denture du rochet *h*, l'autre, *i*, dans celle du rochet de couronne *k*. Lorsqu'on remonte le barillet, le rochet *k* tournant dans le sens de la flèche et le rochet *h* en sens contraire, les deux becs *g* et sortent d'eux-mêmes de la denture de leurs rochets respectifs, et ils y pénètrent également d'eux-mêmes lorsqu'on cesse de remonter le barillet.

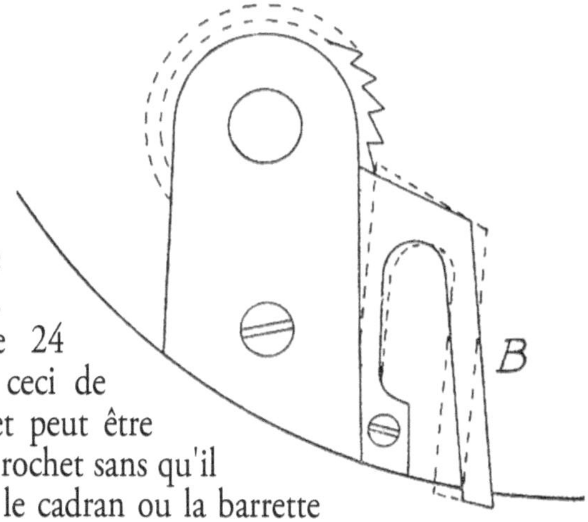

Fig. 24

Entre les deux becs se trouve la tête excentrée d'une vis qu'il suffit de tourner d'une fraction de tour pour amener le décliquetage du ressort et permettre le désarmement du barillet.

L'encliquetage figure 24 (brevet n° 3790) offre ceci de particulier que le cliquet peut être dégagé de la denture du rochet sans qu'il soit nécessaire d'enlever le cadran ou la barrette recouvrant le mécanisme. Dans ce but, il porte un bras B dont l'extrémité dépasse le bord du cadran ou de la barrette; en pressant sur cette extrémité, on fait prendre au ressort la position indiquée en pointillé et le décliquetage se produit.

Un encliquetage très simple est celui que représente la figure 25 (brevet n° 40,790). Le ressort-cliquet est, comme le précédent, formé de deux bras, dont l'un A, faisant ressort, s'applique contre la paroi de la creusure dans laquelle est logé le cliquet, et tend ainsi à faire appuyer contre la paroi opposée de la creusure le second bras dont le bec pénètre dans la denture du rochet.

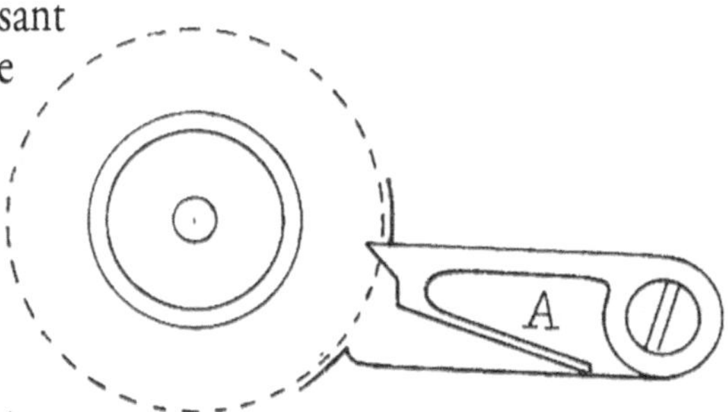

Fig. 25

Un dispositif analogue est celui du brevet n° 5713, applicable à tous les calibres de remontoirs et pièces à clé avec encliquetage dit « en dedans », la disposition variant d'ailleurs suivant la place disponible et l'emplacement du barillet. Ainsi le ressort G peut être indépendant ou former une seule pièce avec le corps du cliquet A ; dans ce dernier cas, il s'appuie contre un épaulement du pont de barillet (fig. 26).

Le ressort-cliquet de certains calibres (revolver, pistolet, 5 vue) fixé par une vis sur le pont de barillet et dont la lame flexible fait cliquet

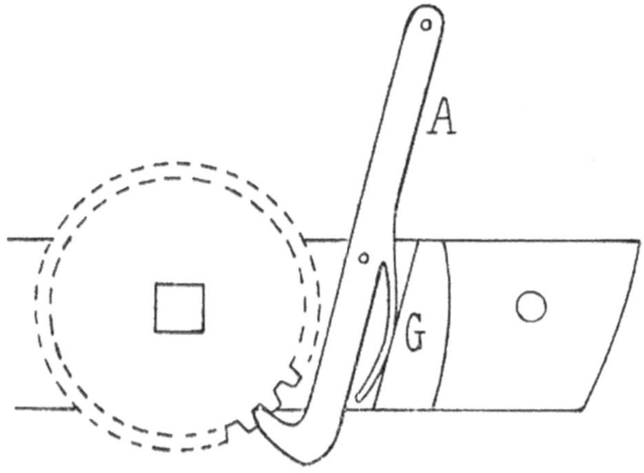

Fig. 26

de l'autre côté du barillet, a été reconnu comme pouvant se casser facilement. Dans le but de parer à cet inconvénient, on a imaginé un cliquet pivotant et portant un ressort à l'extrémité opposée au bec d'encliquetage. Les quatre dispositifs qui suivent représentent chacun une application de ce système.

La figure 27 (brevet n° 19,467) nous montre un cliquet pivotant sur une vis *v* à portée ; l'une de ses extrémités constitue le bec agissant dans la denture du rochet, tandis que l'autre porte une simple goupille ou tige d'acier *g*, dont l'extrémité est fixée dans la platine. Une fraisure pratiquée dans cette dernière laisse libre une longueur aussi grande que possible de la tige formant ressort.

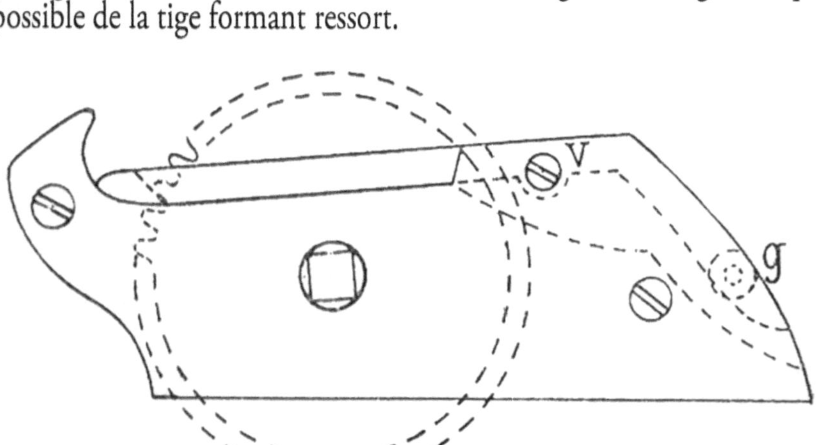

Fig. 27

Si celle-ci se brise, son remplacement est des plus faciles, chacun ayant toujours à sa disposition un bout de fil d'acier.

Dans l'encliquetage représenté par la figure 28 (brevet n° 9321), le cliquet comporte une partie droite rigide A, visible, parallèle au pont de barillet, portant à son extrémité *a* un bec pénétrant dans la denture du rochet, et une partie plus mince et non visible, parce qu'elle s'encastre dans une rainure du pont de barillet. Au-delà du trou de pivotement de l'encliquetage, la masse du cliquet s'amincit de façon à former un ressort dont l'extrémité s'appuie sur le fond de la rainure pratiquée dans le pont de barillet.

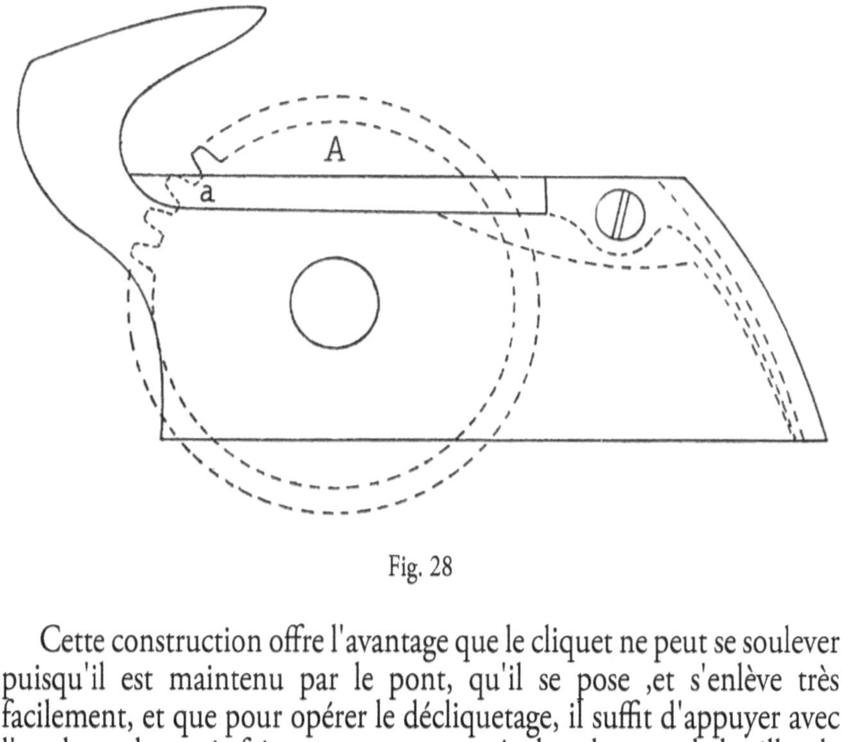

Fig. 28

Cette construction offre l'avantage que le cliquet ne peut se soulever puisqu'il est maintenu par le pont, qu'il se pose ,et s'enlève très facilement, et que pour opérer le décliquetage, il suffit d'appuyer avec l'ongle sur la partie faisant ressort encastrée dans le pont de barillet, le mouvement étant retiré de sa boîte. Cet encliquetage permet aussi un léger retour en arrière du rochet lors du remontage.

On doit au même constructeur une modification tendant à rendre plus stable la partie du cliquet qui fonctionne avec la denture du rochet (brevet n° 3218). Elle consiste à remplacer la vis à repos, sur laquelle pivote le cliquet, par une tige fixée dans le ressort et portant à chacune de ses extrémités un pivot dont l'un entre dans la partie supérieure du Pont, l'autre dans le fond de la platine. Ce long écartement permet d'obtenir la plus grande résistance possible pour maintenir en place, dans les dents du rochet, l'extrémité du cliquet, en empêchant celui-ci de se soulever.

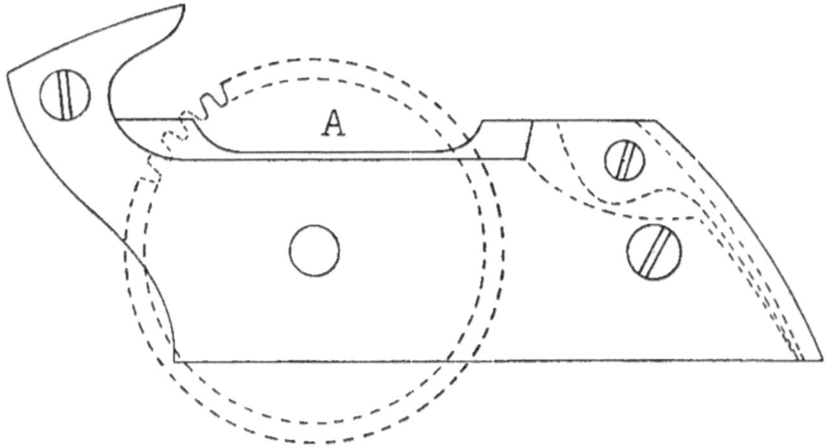

Fig. 29

L'encliquetage représenté par la figure 29 (brevet n° 25,659) est du même genre, mais le cliquet, toujours d'une seule pièce, comporte deux bras flexibles faisant ressort, l'un logé, comme cela a lieu pour les précédents, dans une rainure du pont de barillet, tandis que l'autre, A, visible et appuyé contre ce dernier peut, grâce à sa flexibilité et à son élasticité, suppléer au premier dans le cas où celui-ci viendrait, pour une raison quelconque, à manquer ou à être gêné dans sa fonction. La partie A est relativement mince pour former ressort, mais assez haute pour ne pas risquer de se casser.

IV.

Encliquetages à recul

Dans les encliquetages que nous venons de passer en revue, les constructeurs se sont fort peu préoccupés d'éviter une trop forte tension du ressort-moteur lorsqu'il est complètement remonté ; cependant, lorsque cette tension se produit, elle constitue un grave défaut, car elle entraîne le rebattement du balancier. Aussi examinerons-nous quelques-uns de ces encliquetages qui ont pour but d'empêcher qu'elle n'ait lieu.

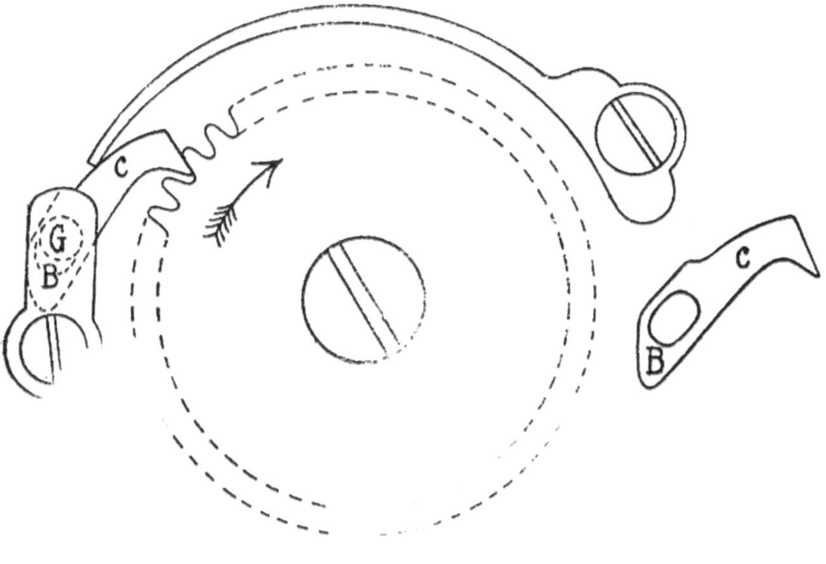

Fig. 30

Deux procédés ont été employés pour atteindre ce résultat ; ils consistent l'un à permettre le déplacement du cliquet, l'autre à remplacer ce dernier par un segment de roue dentée.

Premier procédé

Nous avons ici (fig. 30, brevet n° 14,638) un cliquet plat *c* muni d'une rainure d'articulation allongée qui lui permet d'exécuter le mouvement de recul dont il vient d'être question.

En remontant la pièce dans le sens de la flèche, le cliquet est d'abord entraîné, puis, au moment où l'extrémité B de la rainure se trouve en contact avec la goupille de pivotement G, le cliquet fonctionne avec les dents du rochet. Lorsque l'action du remontage a cessé, le rochet recule et entraîne le cliquet en arrière avec lui. Le pont qui porte le cliquet est entaillé pour le passage de ce dernier et pénètre dans une creusure du pont de barillet de façon à être maintenu en place.

La figure 31 (brevet n° 30,745) représente, vu par-dessous, un autre modèle d'encliquetage avec cliquet à rainure allongée *r*. La masse s'applique contre le côté du pont portant le rochet, et un ressort à deux bras, logé dans une creusure du pont, agit contre l'extrémité de la masse en forme d'oreille.

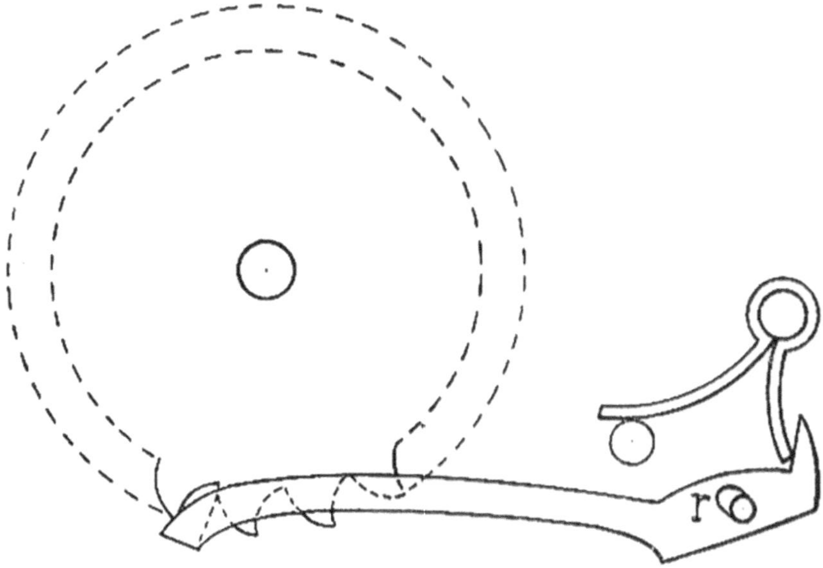

Fig. 31

Dans l'encliquetage de la figure 32 (brevet n° 3629), le déplacement du cliquet s'obtient d'une autre façon : c'est le pont dans lequel pivote le cliquet qui, en oscillant, permet au rochet d'exécuter son mouvement de recul.

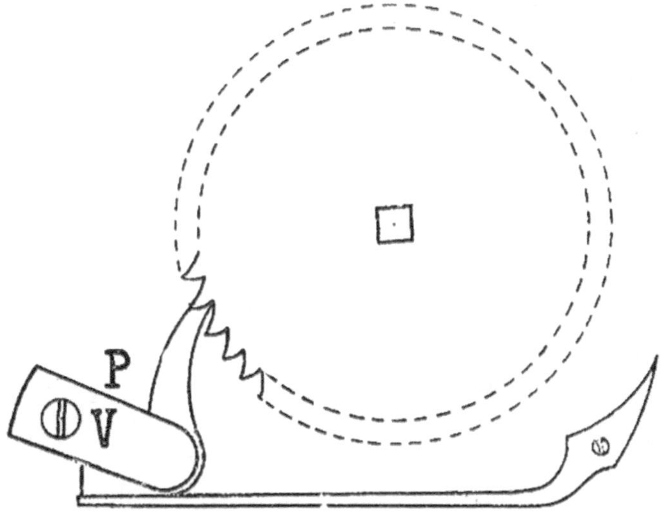

Fig. 32

Il arrive souvent qu'en remontant une montre à fond, la pointe du cliquet ne peut pas pénétrer entièrement entre les dents du rochet ; afin d'éviter cela, il suffit de permettre au pont P dans lequel pivote le cliquet un léger déplacement autour de sa vis V, déplacement qui est limité par des goupilles on de toute autre façon.

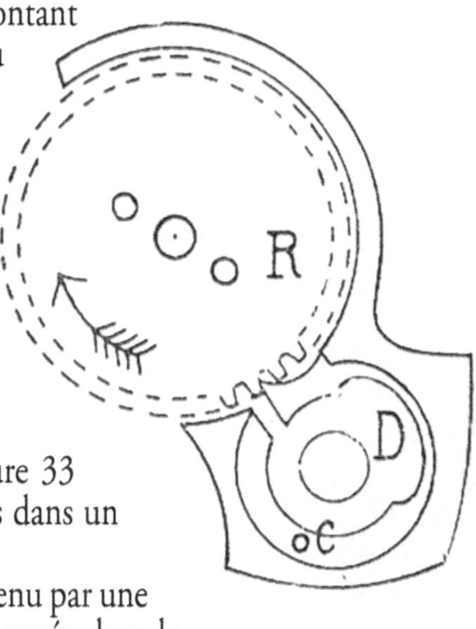

Fig. 33

Avec l'encliquetage de la figure 33 (brevet n° 14,808), nous entrons dans un autre ordre d'idées.

Le ressort-cliquet D est maintenu par une goupille *c* dans une creusure ménagée dans le pont de barillet ; sa masse engrène avec le rochet R. Ce dernier, en tournant dans le sens indiqué par la flèche, actionne le bec de la masse qui, sous l'action du ressort, fait l'office de cliquet. Le rochet étant rendu à lui-même, il recule, et l'une de ses dents appuyant sur le bec du cliquet, celui-ci cède, jusqu'à ce que son talon vienne buter contre le bord de la creusure.

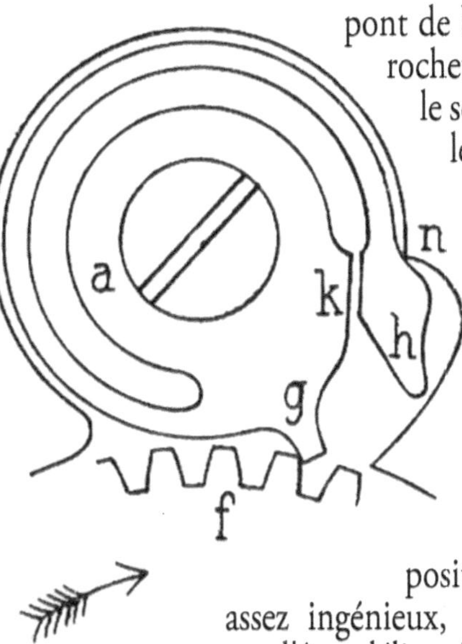

Fig. 34

Les figures 34 et 35 (brevet n°41,448) représentent deux positions d'un encliquetage à ressort assez ingénieux, mais auquel on peut reprocher d'être délicat à un haut degré, ainsi que cela se produit lorsqu'on a affaire à un ressort circulaire.

Le cliquet est formé 1° d'un disque *a*, sensiblement circulaire, pivotant librement sur la portée d'une vis centrale et logé dans une creusure du pont de barillet ; 2° d'un ressort circulaire qui entoure le disque sur la plus grande partie de sa périphérie et qui en est solidaire par l'une de ses extrémités. Ce cliquet comporte deux dents pouvant pénétrer dans la denture du rochet : l'une fixe, *g*, fait partie du disque, tandis que l'autre, *h*, se trouve à l'extrémité libre du ressort circulaire. La périphérie du disque présente en outre une partie plane *k* contre laquelle peut venir s'appuyer la dent *h* lors du recul du rochet dans le sens de la flèche (fig. 35) ; cette dent forme d'autre part une saillie pouvant venir buter contre la partie *n* de la paroi de la

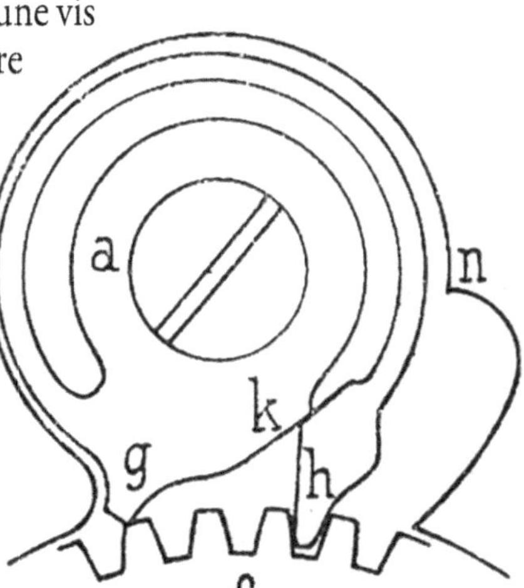

Fig. 35

creusure lorsqu'en remontant le barillet, on fait tourner le rochet en sens inverse (fig. 34).

Au repos (fig. 35), le rochet est arrêté tant par la dent *h*, laquelle appuie contre le plan *k* du disque sous l'action du ressort-moteur, que par la dent *g* du cliquet, contre laquelle bute une dent du rochet.

Lorsqu'on remonte le barillet (fig. 34), le rochet tournant dans le sens de la flèche fait tourner en sens contraire le cliquet par sa dent fixe *g*, et ce mouvement est limité par la dent mobile *h* qui vient buter contre la partie *n* de la creusure. Le décliquetage se produit dent par dent, et lorsqu'on cesse de remonter, le cliquet, sous l'action de son ressort, reprend la position de la figure 34, produisant ainsi un recul relativement considérable du rochet.

Le ressort portant la dent mobile *h* peut ne pas être d'une seule pièce avec le disque, mais lui être fixé d'une manière quelconque.

Les figures 36 et 37 représentent un encliquetage passablement plus simple que le précédent et avec un ressort plus robuste (brevet n° 3589).

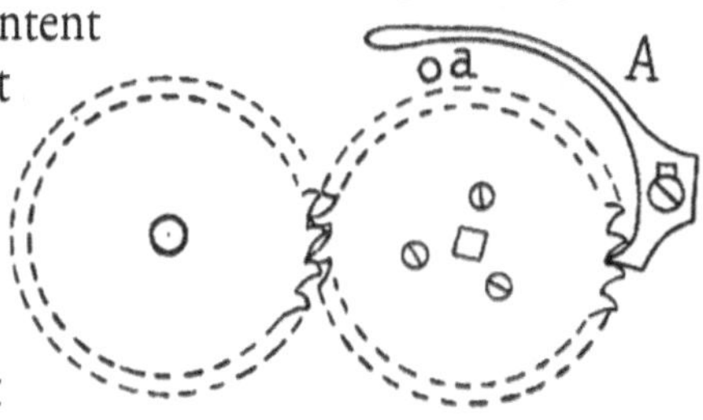

Fig. 36

Le cliquet A, pourvu d'une queue faisant ressort, est maintenu sur le pont de barillet par une vis à repos qui traverse une rainure permettant un déplacement longitudinal du cliquet. Au repos (fig. 36), ce dernier est repoussé par la denture du rochet; mais lorsqu'on remonte la montre, le rochet tournant dans le sens de la flèche (fig. 37), le cliquet pivote autour de la vis jusqu'à ce que la queue à ressort rencontre une goupille a qui en limite le mouvement. Une fois le remontage terminé, le rochet recule en repoussant le cliquet jusqu'au moment où celui-ci, arrêté par la vis à repos, immobilise le rochet.

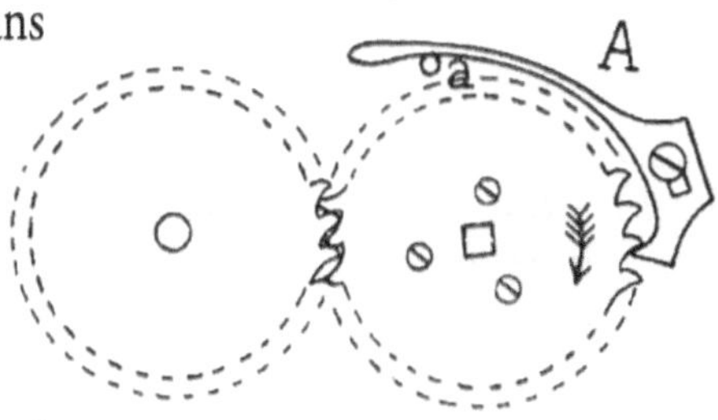

Fig. 37

Cette combinaison donne lieu à un fonctionnement à la fois doux et sûr.

Nous terminerons cette première série de cliquets à recul par la description d'un encliquetage ayant pour objectif principal la suppression des vis. Il se compose (fig. 38, brevet n° 9397) d'un cliquet ayant un demi-moyeu A moins épais que la queue B et le bec C, ledit cliquet pouvant s'engager par glissement sur le tourillon *d* pris d'une seule pièce avec la platine ou le pont portant le cliquet et se terminant par une tête qui retient ce dernier sur la platine. L'évidement *a* du moyeu permet au cliquet d'avancer en même temps que le rochet M et, en retombant, de lui laisser un fort recul qui détend d'autant le ressort du barillet.

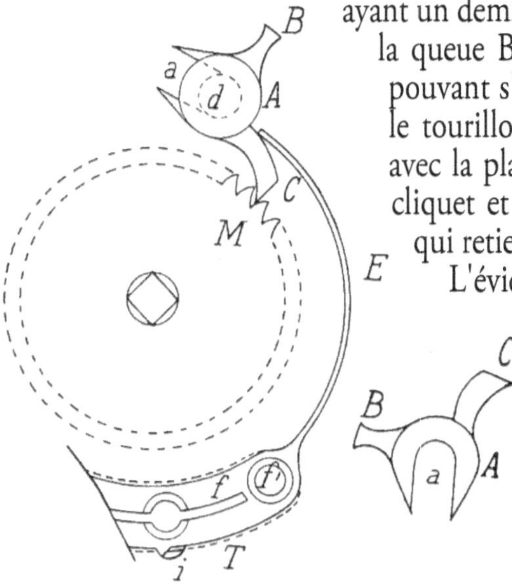

Fig. 38

Le ressort d'encliquetage E qui actionne le bec du cliquet se termine par un talon plat T, fendu en *f* dans le sens de sa longueur et s'engageant dans une rainure de la petite platine ou du pont ; cette rainure est en forme de queue d'aronde, et le talon y est retenu par ses bords en talus et par une saillie pénétrant dans une noyure latérale *i* de la rainure qui constitue un cran d'arrêt. La fente *f* du talon se termine près d'un trou *f* destiné à prévenir la rupture du talon.

Pour enlever le ressort E, il suffit de presser la saillie dans le cran d'arrêt pour rapprocher les deux parties du talon T, et l'on peut faire glisser ce dernier hors de sa rainure. On procède de même pour remettre le ressort en place.

Nous emprunterons encore au *Journal suisse d'horlogerie* la description de deux encliquetages dans lesquels le recul du rochet a été le principal souci des constructeurs.

L'une de ces dispositions, due à M. Paul Berner, directeur de l'école d'horlogerie de la Chaux-de-Fonds, est représentée par les figures 39 et 40.

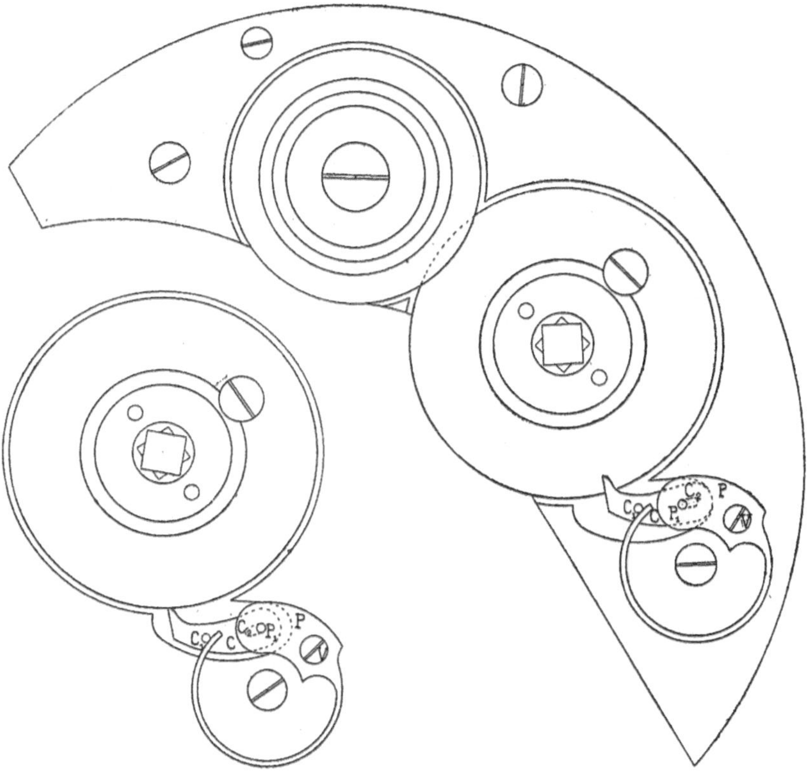

Fig. 39 Fig. 39

Le cliquet C porte une goupille C_1 contre laquelle vient presser un ressort, prolongement du pont P du cliquet ; ce pont est fixé à l'aide d'une vis V et d'une goupille P_1, dont l'extrémité pénètre dans le pont de barillet et qui traverse le cliquet en passant dans le trou allongé C_2 maintenant ainsi le pont-ressort P tout en limitant le déplacement du cliquet, qui pivote autour de cette goupille.

Le fonctionnement de ce système d'encliquetage est facile à comprendre.

Dans la position d'arrêt (fig. 40), le cliquet appuie contre le fond de la creusure pratiquée dans le pont de barillet ; lorsqu'on remonte la montre, le cliquet, actionné par le rochet et par son ressort, prend la position représentée figure 39. Le trou allongé C_2 permet donc toujours un certain recul, sans qu'un rebattement du balancier puisse jamais se produire.

La goupille P_1 pourrait au besoin être fixée dans le pont de barillet, son extrémité supérieure traversant le pont-ressort P.

Un autre dispositif d'encliquetage à recul, adopté par l'école d'horlogerie de Genève depuis 1905 et dont l'auteur est M. J. Addor, professeur de la classe de repassage et réglage de cet établissement, est d'une grande simplicité, comme on peut s'en rendre compte par l'examen de la figure 41, qui le reproduit en plan et en élévations

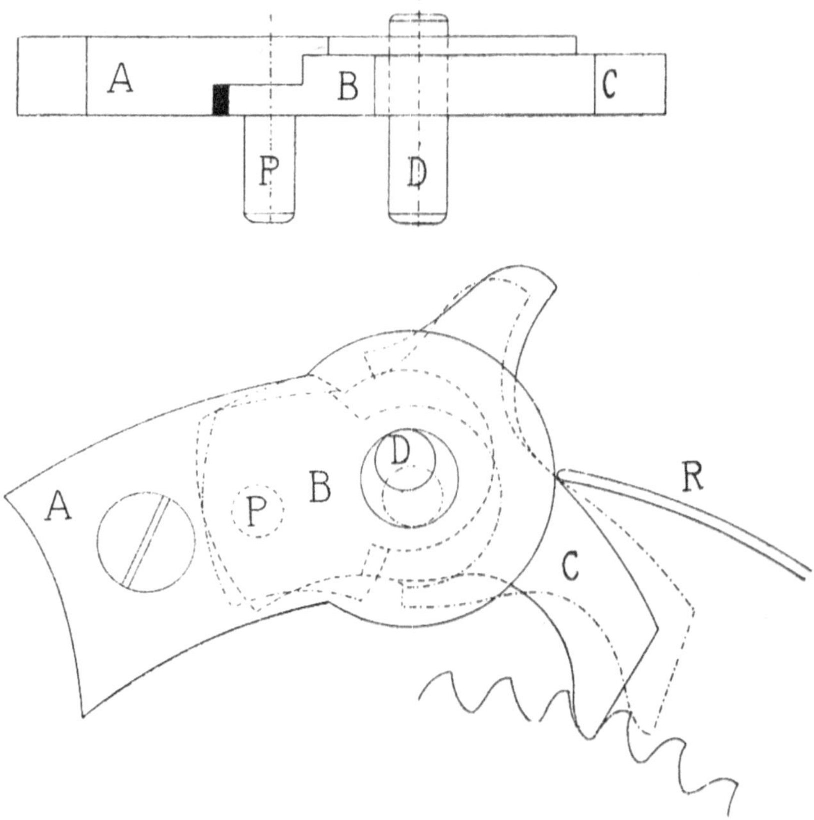

Fig. 41

Le cliquet, C, représenté en trait plein dans la position d'arrêt, est articulé suivant la méthode courante à une bride mobile B, qui porte au talon un pied P, pivotant dans la planche du pont de barillet.

Le noyau de la bride est traversé au centre par une cheville D passant dans un trou correspondant dans le pont, trou dont le rayon est environ le triple de celui de ladite cheville.

Le ressort d'encliquetage R presse sur le cliquet.

Le plan indique en traits mixtes la position du cliquet qui s'allonge pendant le remontage, la pression du ressort rapprochant du rochet la cheville D, dont le mouvement dans ce sens est limité par la paroi du trou qu'elle traverse. Mais, aussitôt que l'on cesse d'agir sur le rochet, celui-ci rétrograde et repousse la dent du cliquet qui s'y trouve engagée, conduisant la cheville D jusqu'à la paroi opposée du trou, contre laquelle elle reste appuyée.

Un pont A, solidement fixé, maintient le mécanisme.

Deuxième procédé

L'emploi d'un secteur de roue dentée permet aussi d'obtenir facilement le recul du rochet ; les quatre dispositifs qui suivent sont établis d'après ce principe.

Dans l'encliquetage représenté par la figure 42 (brevet n° 5782), le cliquet G, logé dans une creusure de la platine, est formé de deux dents de roue dentée engrenant avec le rochet R. Lorsqu'on remonte dans le sens de la flèche, le cliquet, entraîné par le rochet, tourne jusqu'au moment où il désengrène, permettant ainsi au rochet de remonter le ressort moteur, puis, une fois le remontage fini, la pression du ressort fait engrener le cliquet qui rétrograde avec le rochet jusqu'au moment où il s'appuie contre le bord de la creusure.

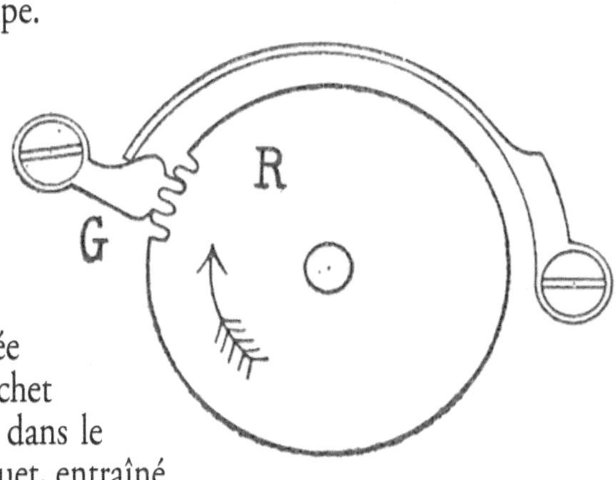

Fig. 42

L'encliquetage suivant (fig. 43, brevet n° 24,790) diffère du précédent en ce que :

1. on emploie comme cliquet un pignon dont on utilise 2 ou 3 dents ;
2. l'arrêt se produit contre le bord de la creusure dans laquelle est logé le cliquet.

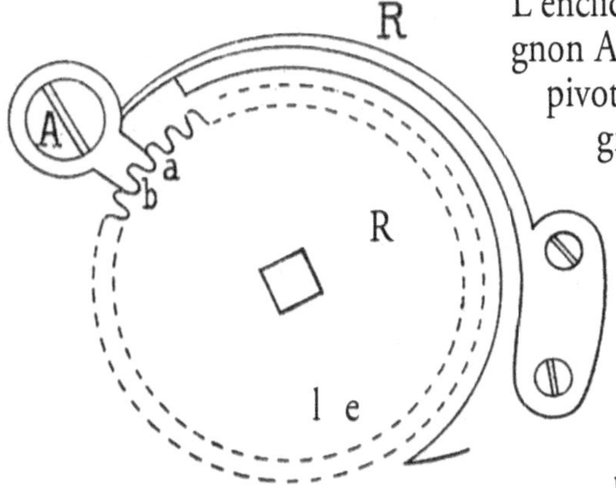

L'encliquetage comprend un pignon A muni de 2, 3 ou 4 dents, pivotant sur une goutte et engrenant avec le rochet ; il est actionné par un ressort qui agit contre le flanc extérieur de la dent *a*, tandis que l'arrêt du cliquet se produit par flanc extérieur de la dent *b* butant contre le bord de la creusure. Dans

Fig. 43

les deux cas, le nombre de dents du pignon dépend du recul qu'on désire obtenir pour le rochet.

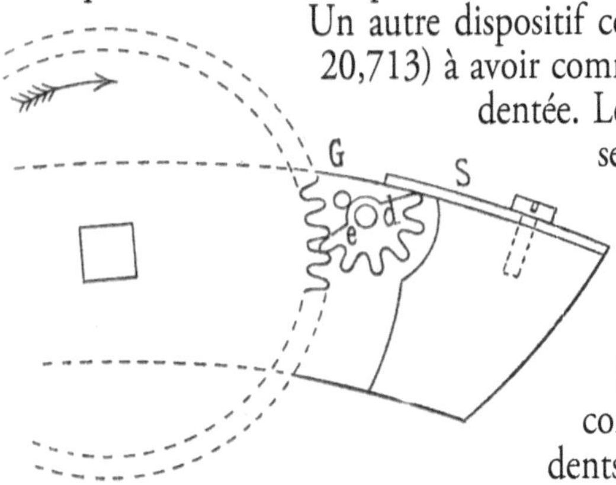

Un autre dispositif consiste (fig. 44, brevet n° 20,713) à avoir comme cliquet une demi-roue dentée. Lorsqu'on remonte dans le sens indiqué par la flèche, la dent d du cliquet vient soulever le ressort d'encliquetage S fixé contre le flanc du pont. Le ressort-moteur étant complètement remonté, les dents du cliquet rentrent en engrenage avec le rochet par suite

Fig. 44

de l'action du ressort S, et le rochet entraîne le cliquet jusqu'à ce que la dent *e* vienne buter contre la goupille G, dont la position peut varier suivant la quantité de recul qu'on veut obtenir au rochet.

Pour compléter ce genre d'encliquetages à roue dentée, nous en mentionnerons un qui joint à la propriété du recul la possibilité de maintenir le cliquet hors d'en-

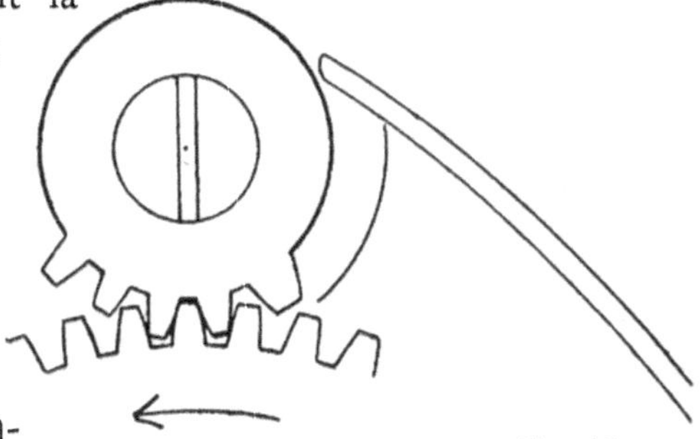

Fig. 45

grenage pour le cas où l'on veut désarmer le ressort-moteur. La fonction du cliquet comme recul du rochet (fig. 45, brevet n° 45,343) est la même que celle des encliquetages précédents, mais lorsqu'on veut obtenir le désarmement du ressort-moteur, il suffit de pousser le cliquet jusqu'à ce que toutes les dents soient sorties de l'engrenage, et alors l'extrémité du ressort pénétrant dans l'intervalle séparant de sa voisine la grosse dent terminale du cliquet, empêche ce dernier de revenir en arrière (fig. 46).

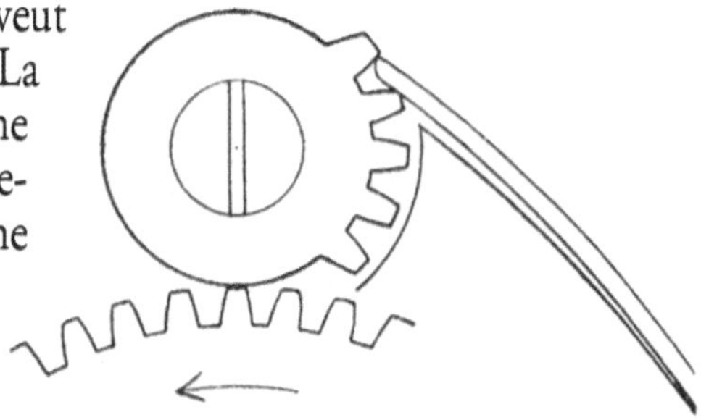

Fig. 46

V.

Encliquetages sans ressort

En étudiant les divers modèles d'encliquetages que nous venons de passer en revue, on a l'impression qu'un des principaux soucis des constructeurs a été d'organiser le mécanisme de façon à préserver le plus possible d'une rupture le ressort du cliquet ; il est donc évident qu'il y a là un des problèmes essentiels de l'encliquetage en horlogerie.

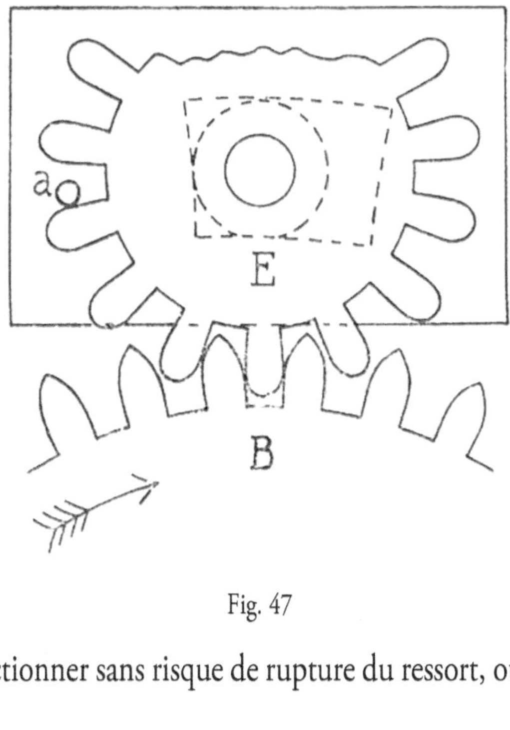

Fig. 47

Tel que cet organe se fabrique actuellement, il est, suivant sa trempe, tantôt cassant, tantôt peu résistant à l'usure ; dans les deux cas, le résultat est le même et la montre est bientôt hors d'usage.

Il y a par conséquent de l'avenir pour un encliquetage pouvant fonctionner sans risque de rupture du ressort, ou même sans cet organe.

Le problème n'est pas aisé à résoudre, mais les progrès réalisés en horlogerie ces dernières années sont un sûr garant que la difficulté sera vaincue. Un premier pas a été fait dans cette voie par un dispositif dont nous allons exposer deux applications[2].

Chacune d'elles comporte comme cliquet une petite roue engrenant avec le rochet de barillet ; la forme des dents de cette roue peut varier.

Dans le modèle représenté par la figure 47 (brevet n° 30,22P, les dents de la petite roue E ont la même forme que celles d'un pignon peu

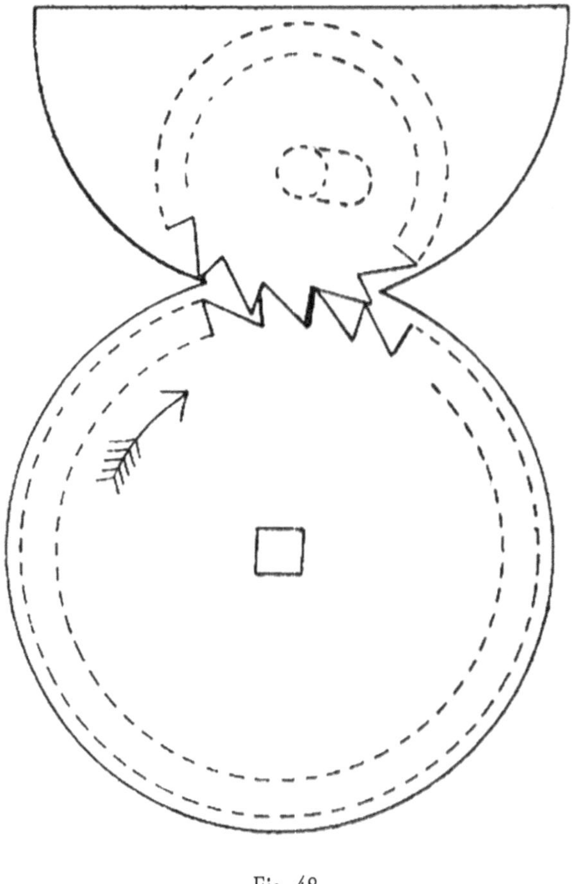

Fig. 48

[2] Ce dispositif est dû à l'auteur de la présente étude. Il nous parait ne devoir donner lieu qu'à une critique : le mécanisme est silencieux ; or, lorsqu'elles remontent leur montre, bien des personnes tiennent à entendre le bruit produit par l'encliquetage. Mais il serait facile de remédier à cet inconvénient en adaptant un ressort cliquet dont le seul but serait de faire produire le bruit en question et dont la rupture n'offrirait aucun inconvénient en ce qui concerne la fonction de l'encliquetage proprement dit.

nombré ; son moyeu est logé dans une rainure circulaire ayant même centre que le rochet B.

Au repos, une goupille a fixée dans le pont et intercalée dans la denture, empêche la roue-cliquet de tourner. Lorsqu'on remonte la montre, le rochet tournant dans le sens de la flèche, la roue E se déplace vers la droite, échappe à la goupille a et tourne en sens inverse pendant l'opération du remontage celle-ci terminée, le rochet recule, entraînant la roue E et la ramenant vers la goupille d'arrêt qui, se trouvant de nouveau dans la denture, immobilise le mécanisme.

Si l'on donne aux dents de la roue-cliquet une forme pointue (fig. 48) ou en étoile, à la position d'arrêt une des dents bute contre le bord d'une creusure dans laquelle cette roue est logée. En remontant la montre, le rochet tourne dans le sens de la flèche, entraîne la roue qui se dégage du coin de la creusure et peut par suite tourner, puis, lorsqu'on rend au rochet sa liberté, il recule et ramène le cliquet vers le coin de la creusure, contre lequel une des dents vient buter et produit de nouveau la position d'arrêt.

Cet encliquetage fonctionne très bien, a du recul à volonté et permet le désarmement du ressort, mais il exige une fabrication très soignée.

Un autre système d'encliquetage sans ressort comprend un rochet et un cliquet monté sur un axe autour duquel il peut osciller (brevet ne 55,251). Le cliquet B (fig. 49) affecte la forme d'une ancre à deux becs C et D. Le rochet A tournant dans le sens qu'indique la flèche, le bec C est actionné par la dent *a* et le cliquet oscille autour de son pivot ; le bec D se rapproche de la denture du rochet où il pénètre jusqu'à ce qu'il rencontre le flanc d'une dent (fig. 50).

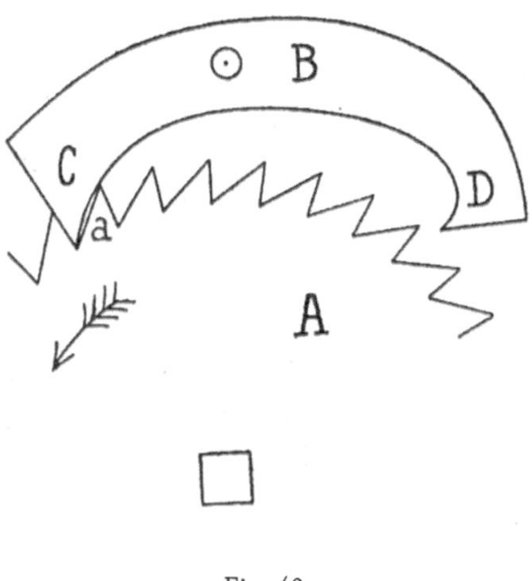

Fig. 49

A ce moment l'extrémité du bec C laisse passer la dent *a*, et le bec D est repoussé par le rochet entre les dents duquel le bec C pénètre de nouveau.

Ce système peut trouver en mécanique des applications diverses ; si l'on veut l'utiliser en horlogerie comme encliquetage du barillet, il importe que l'on puisse désarmer le ressort-moteur en faisant rétrograder le rochet. A cet effet, l'axe sur lequel est monté le cliquet peut être constitué par la partie non filetée d'une vis à repos, cette partie étant entaillée sur plus de la moitié de son pourtour, afin qu'en tournant la vis d'un demi-tour, on puisse éloigner suffisamment le cliquet du rochet pour que les becs n'atteignent plus la denture de ce dernier.

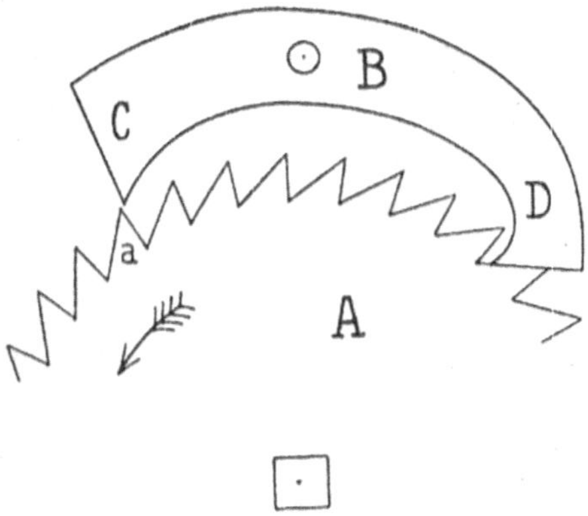

Fig. 50

Le cliquet peut aussi être pivoté sur un axe cylindrique portant un excentrique de façon qu'en faisant tourner cet axe d'un demi-tour, le cliquet s'éloigne suffisamment du rochet[3].

[3] Cette description n'est pas de l'auteur, qui l'avait seulement indiquée comme devant compléter ultérieurement son travail ; nous l'avons empruntée à l'exposé du brevet d'invention n° 65,261, dont le titulaire était précisément M. F. Balavoine, décédé trois mois après qu'il en eut obtenu l'enregistrement.
Ce brevet nous fournit du reste un exemple palpable du peu de probabilité qu'on a de trouver en horlogerie une combinaison qui n'ait pas encore été imaginée. Le regretté Balavoine était certes de bonne foi lorsqu'il avait demandé pour son « invention » la protection légale ; or il eût trouvé, soit dans notre journal (XX, 146), soit dans celle de nos publications qui est intitulée « Le barillet de la montre et son ressort-moteur », la description, avec figure (p. 39), d'un encliquetage exactement pareil à celui qu'il faisait breveter.
D'autre part, notre excellent collaborateur, M. C. Sivan, nous a fait observer que, déjà en 1886, il avait imaginé un encliquetage avec renvoi taillé, absolument analogue à celui que représente la figure 23 de cette étude (page 14) et qui a fait l'objet d'une demande de brevet en 1907.

VI.

Conclusion

Nous voilà au bout de la tâche que nous avions entreprise : grouper un certain nombre d'encliquetages usités en horlogerie. Mais avant de terminer, nous devons dire que nous n'avons nullement la prétention d'avoir épuisé le sujet et réuni tous les encliquetages connus, bien loin de là, car à chaque instant, nous en avons découvert un qui nous était inconnu.

Toutefois tel qu'il est, ce travail rendra, nous l'espérons, des services à nos fabricants et à nos jeunes horlogers, soit qu'ils en cherchent un nouveau, soit qu'ils désirent simplement améliorer celui qu'ils emploient.

Table des Matières

Sciences & Techniques

www.decoopman.com

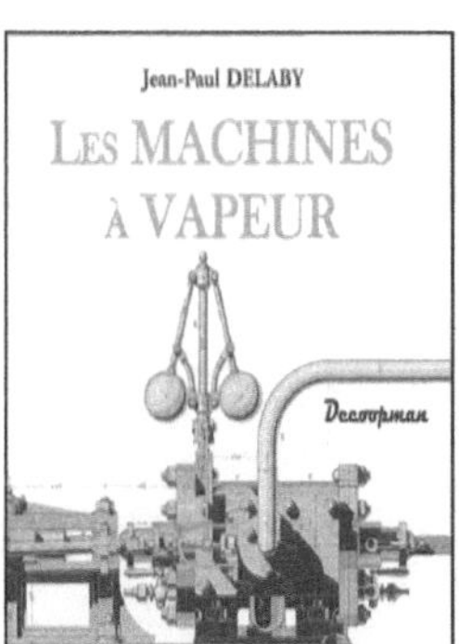

Éditions Decoopman - Ferrières - 30440 Saint-Laurent-le-Minier
Tel : +33 (0) 4.67.73.90.95 - web : www.decoopman.com - e.mail : editions@decoopman.com

Feuilleteur directement sur notre site. Catalogue gratuit sur simple demande

Sciences & Techniques

www.decoopman.com

www.ingramcontent.com/pod-product-compliance
Lightning Source LLC
Chambersburg PA
CBHW031334230926
51848CB00001B/228